Bibliografische Information der Deutschen Nationalbibliothek:

Die Deutsche Bibliothek verzeichnet diese Publikation in der Deutschen National-
bibliografie; detaillierte bibliografische Daten sind im Internet über http://dnb.d-
nb.de/ abrufbar.

Impressum:

Copyright © 2016 GRIN Verlag, Open Publishing GmbH
Druck und Bindung: Books on Demand GmbH, Norderstedt Germany
ISBN: 9783668498945

Dieses Buch bei GRIN:

http://www.grin.com/de/e-book/372161/ernaehrungstherapie-bei-milchzuckerun-
vertraeglichkeit-laktoseintoleranz

Sven-David Müller

Ernährungstherapie bei Milchzuckerunverträglichkeit (Laktoseintoleranz)

Wichtige Informationen für Menschen, die keinen Milchzucker vertragen

GRIN Verlag

Ernährungstherapie bei Milchzuckerunverträglichkeit (Laktoseintoleranz)

Wichtige Informationen für Menschen, die keinen Milchzucker vertragen

Einführung

Viele Menschen klagen nach dem Verzehr von Milchprodukten über Bauchschmerzen, Blähungen, Übelkeit oder Durchfall. Die Ursache: Laktoseintoleranz (Milchzuckerunverträglichkeit). Die Betroffenen vertragen den in Milch oder Milchprodukten enthaltenen Milchzucker (Laktose), die sogenannte Laktose, nicht oder nicht gut. Milch und Milchprodukte lösen bei ihnen starke Beschwerden aus.

Eine Laktoseintoleranz ist genau genommen keine eigenständige Krankheit. Es handelt sich um eine Verdauungsstörung, die aufgrund eines Enzymmangels, des Laktasemangels, auftritt. Laktase ist das milchzuckerspaltende Enzym. Weltweit kommt eine Laktoseintoleranz vielfach vor, allerdings tritt sie regional unterschiedlich häufig auf. In Deutschland leiden etwa 15 von 100 Menschen unter einer mehr oder weniger stark ausgeprägten Laktoseunverträglichkeit. Besonders weit verbreitet ist sie in Afrika und Asien. Hier vertragen 80 bis über 90 Prozent der Menschen keinen Milchzucker. Eine Laktoseintoleranz ist hier also keine Krankheit, sondern vielmehr der Normalzustand.

Im Laufe der Geschichte hat die Milchviehhaltung und -produktion weltweit eine immer größere Rolle gespielt. Immer mehr Milch wurde getrunken und Milchprodukte verzehrt. So könnte sich im Laufe der Zeit das erbliche Merkmal im menschlichen Organismus der Produktion des Enzyms Laktase, das für den Milchzucker-Abbau verantwortlich ist, durchgesetzt haben.

Die Zahl der von einer Laktoseintoleranz Betroffenen steigt auch hier zulande immer weiter an. Die Ursache kann jedoch in einer besseren Aufklärung und Gesundheitsinformation liegen. Sowohl Ärzte also auch die Betroffenen selber achten stärker auf das Thema Intoleranz. Die sehr allgemeinen Symptome können immer besser mit einer Intoleranz in Verbindung gebracht werden. So kann vielen Menschen, die vielleicht seit Jahren unter unklaren Magen-Darm-Beschwerden gelitten haben, endlich geholfen werden.

Eine Laktoseintoleranz ist nicht heilbar. Der Körper produziert das Enzym Laktase zu wenig oder gar nicht. Das ist unveränderbar. Die von einer Milchzuckerunverträglichkeit Betroffenen müssen, um beschwerdefrei zu werden und zu bleiben, den Verzehr von Milch und Milchprodukten erheblich einschränken oder gänzlich darauf verzichten. Um Mangelerscheinungen vorzubeugen ist eine ausgewogene Ernährung besonders wichtig.

Alles über Laktose

Laktose ist auch unter dem Namen Milchzucker bekannt. Es handelt sich um einen Zweifachzucker (Disaccharid), der in gespaltener Form ein wichtiger Energielieferant für Stoffwechselprozesse ist. Milchzucker besteht aus den beiden Einfachzuckern Traubenzucker (Glukose) und Schleimzucker (Galaktose). Das im menschlichen Organismus produzierte Enzym Laktase spaltet den Milchzucker in diese beiden Bestandteile, die anschließend gut vom Körper aufgenommen werden können. Wird das Enzym Laktase zu wenig oder gar nicht produziert, was bei einer Laktoseintoleranz der Fall ist, kann die Laktose nicht gespalten werden und wandert unverarbeitet in den Darm. Hier kann sie nicht aufgenommen werden und sorgt für die typischen Beschwerden einer Unverträglichkeit wie Bauchschmerzen, Blähungen, Übelkeit oder Durchfall.

Laktose ist der Hauptzucker der Milch und kommt in Milch und Milchprodukten – wie Käse, Joghurt, Quark, aber auch verarbeiteter Nahrung wie Fertiggerichten, Kuchen usw. vor. Sie befindet sich ebenfalls in der Muttermilch und ist für die Ernährung eines Säuglings besonders wichtig. Laktose hat einige Aufgaben im menschlichen Organismus: sie liefert Energie, unterstützt die Calcium-Resorption, hemmt Fäulnisbakterien im menschlichen Darm. In größeren Mengen wirkt Laktose abführend.

Durchschnittlich beträgt der Laktose-Anteil in der Milch 2 bis 7 Prozent. In natürlicher Form kommt Laktose ausschließlich in der Milch von Säugetieren vor. Alle aus der Milch hergestellten Produkte haben ebenfalls einen mehr oder weniger hohen Laktose-Anteil. Laktose wird allerdings auch als sogenannte Trägersubstanz beispielsweise für Aromen genutzt. Aufgrund ihrer Eigenschaften spielt sie eine wichtige Rolle im Herstellungsprozess anderer Nahrungsmittel, in denen man zunächst keine Laktose vermutet. Auch in Medikamenten wird Laktose als Trägersubstanz für den Wirkstoff genutzt.

Für Menschen, die aufgrund eines Laktasemangels keinen Milchzucker verarbeiten können und daher an einer Laktoseintoleranz leiden, gibt es mittlerweile mehr und mehr alternative laktosefreie Lebensmittel auf dem Markt. Ein Beispiel hierfür ist die laktosefreie Milch, die als gut verträglich gilt und daher eine gute Alternative für Milch darstellt.

Wie wird Milchzucker normalerweise verdaut?

Der Verdauungsvorgang ist ein empfindlicher Prozess, der bereits im Mund beginnt und im Enddarm endet. Im Mund startet die Verdauung der Kohlenhydrate. Anschließend wandert der Speisebrei weiter über die Speiseröhre bis in den Magen. Hier vernichtet die Magensäure bestimmte Krankheitserreger und hilft, das Eiweiß zu verdauen. Nach und nach gibt der Magen kleinere Portionen des Speisebreis an den Dünndarm weiter. Erst hier findet die eigentliche Verdauung statt. Aus der Schleimhaut des Dünndarms stammende Enzyme sind für die Verdauung verantwortlich. Das milchzuckerspaltende Enzym Laktase wird in der Dünndarmschleimhaut hergestellt. Mit Hilfe dieses Enzyms wird Laktose abgebaut.

Nach der Verdauung werden die kleinsten Bausteine der Nährstoffe über die Schleimhaut des Dünndarms in das Blut aufgenommen. Auf diese Weise werden ebenfalls Vitamine, Mineralstoffe, Wasser und weitere essentielle Inhaltsstoffe der Nahrung über die Dünndarmschleimhaut aufgenommen. Im Dickdarm landen ausschließlich unverdauliche Bestandteile der Nahrung. Hierzu gehören Ballaststoffe sowie Bakterien. Diese Bestandteile werden durch den Flüssigkeitsentzug eingedickt und schließlich ausgeschieden.

Wird in der Schleimhaut des Dünndarms das Enzym Laktase zu wenig oder gar nicht produziert, kann die Laktose aus der Nahrung nicht verdaut werden. Dann spricht man von einer Laktoseintoleranz.

Was ist eine Laktoseintoleranz?

Bei einer Laktoseintoleranz handelt es sich um die Unfähigkeit des Organismus, in Speisen enthaltenen Milchzucker zu verdauen. Neben dem Begriff der Laktoseintoleranz kursieren weitere Begriffe, die jedoch dasselbe Krankheitsbild meinen: Milchzuckerunverträglichkeit, Laktasemangelsyndrom sowie Laktasemalabsorption. Das Kohlenhydrat der Milch, die Laktose, wird nicht vertragen bzw. kann nicht verarbeitet und verdaut werden.

Bei einer Laktoseintoleranz gelangt die Laktose unverarbeitet in den Dickdarm. Sie wird über Speisen aufgenommen. Das körpereigene Enzym Laktase spaltet normalerweise den Milchzucker in seine Bestandteile Traubenzucker (Glukose) und Schleimzucker (Galaktose). Diese beiden Bestandteile können über die Dünndarmschleimhaut in das Blut aufgenommen und vom Körper verwertet werden. Liegt jedoch eine Laktoseintoleranz vor, wird das spaltende Enzym nicht oder nur sehr wenig produziert. Hier spricht man von einem Laktasemangel. Auf diese Weise wandert die Laktose unverarbeitet bis in den Dickdarm. Hier wird sie von Bakterien zersetzt. Die während dieses Gärungsprozesses entstehenden Spaltprodukte sorgen für Verdauungsbeschwerden. Es zeigen die sich die typischen Symptome einer Laktoseintoleranz wie Bauchschmerzen, Übelkeit, Erbrechen, Durchfälle sowie Blähungen.

Drei Formen der Laktoseintoleranz werden unterschieden:
- primärer (angeborener) Laktasemangel,
- sekundärer (erworbener) Laktasemangel sowie
- die sogenannte Alaktasie, der kongenitale Laktasemangel.

Die häufigste Form der Milchzuckerunverträglichkeit bei Erwachsenen ist der angeborene, der primäre Laktasemangel. Diese Form der Laktoseintoleranz ist erblich bedingt. Im Kindesalter wird meist noch eine ausreichende Menge des Enzyms Laktase produziert, doch im Laufe der Zeit nimmt diese Produktion mehr und mehr ab. Es steht dadurch immer weniger Laktase zur Spaltung des Milchzuckers zur Verfügung. So kann Laktose immer weniger verdaut werden und wird immer schlechter vertragen. Es entwickelt sich eine Nahrungsmittelunverträglichkeit gegen Milchzucker.

Besonders verbreitet ist diese Form des Laktasemangels in Schwarzafrika und China, wo ein Laktasemangel bei über 90 Prozent der Bevölkerung festgestellt werden kann. In Deutschland sind 15 bis 20 Prozent der Bevölkerung von dem primären Laktasemangel betroffen.

Der sekundäre, erworbene Laktasemangel, ist nicht erblich bedingt. Im Laufe des Lebens können Betroffene Milchzucker immer weniger vertragen. Ein Auslöser – meist eine Erkrankung des Magen-Darm-Traktes – sorgt dafür, dass das Enzym Laktase immer weniger produziert wird. Diese Form der Laktoseintoleranz kann sich wieder normalisieren. Wenn die auslösende Grunderkrankung erfolgreich behandelt wird, kann auch der Laktasemangel wieder zurückgehen.

Hierfür ursächliche Grunderkrankungen können sein:
- Glutenunverträglichkeit
- Morbus Crohn
- Colitis ulcerosa
- Bakterielle Infektionen und Pilzinfektionen
- Darmgrippe
- Magen-Darm-Operationen

Neben organischen Ursachen kann aber auch die Einnahme bestimmter Medikamente einen sekundären Laktasemangel auslösen. Zu diesen Medikamentengruppen zählen Antibiotika oder Zytostatika.

Die dritte Form der Laktoseintoleranz, der kongenitale Laktasemangel (Alaktasie) tritt nur sehr selten auf. Diese Form des Laktasemangels ist angeboren. Es handelt sich um einen genetisch bedingten Enzymdefekt, der bereits im Säuglingsalter auftritt und einen absoluten Laktasemangel bewirkt. Von Geburt an wird bei den Betroffenen keinerlei Laktase gebildet. Bereits auf kleinste Mengen Laktose reagieren Säuglinge sehr stark und sie zeigen schon ab den ersten Lebenswochen Symptome einer Laktoseintoleranz wie schwere Durchfälle, was zu Austrocknung und Unterernährung führen kann.

Unterschiede zwischen Intoleranzen und Allergien

Die Beschwerden einer Intoleranz und einer Allergie können sich sehr ähneln. Sie sind daher oftmals nur schwer auseinander zu halten. Jedoch handelt es sich um völlig verschiedene Vorgänge des menschlichen Organismus.

Eine Nahrungsmittelintoleranz ist ein Enzymdefekt. Ein bestimmtes Enzym, das für die Verarbeitung eines Nahrungsmittelbestandteiles im Verdauungsprozess verantwortlich ist, fehlt oder ist nur in zu geringen Mengen vorhanden. Bei der Laktoseintoleranz ist es das Laktase-Enzym, das mangelhaft oder gar nicht produziert wird. Aufgrund dieses Enzymmangels kommt es zu Beschwerden. Der Magen-Darm-Trakt kann den Milchzucker nicht verdauen. So wandert die Laktose statt ins Blut unverdaut in den Dickdarm. Diverse Darmbakterien lassen den Milchzucker zu Fettsäuren und Gasen vergären.

Eine Allergie hat nichts mit mangelnden Enzymen zu tun. Vielmehr handelt es sich um eine Überreaktion des Immunsystems auf eine oder mehrere Substanzen. Diese Substanzen werden Allergene genannt. Diese Allergene sind eigentlich harmlose Stoffe aus der Umwelt. Doch das Immunsystem reagiert auf sie wie auf Krankheitserreger. Auf jede Substanz aus der Umwelt kann grundsätzlich überreagiert werden, so dass es zu allergischen Symptomen kommen kann. Die häufigsten Allergene sind Pflanzen, Tierprodukte, Metalle oder auch Chemikalien.

Wie kommt es zur Laktoseintoleranz?

Der menschliche Körper kann den in der Nahrung enthaltenen Milchzucker ausschließlich in gespaltener Form nutzen. Zur Spaltung des Milchzuckers benötigt er das Enzym Laktase. Dieses Enzym wird in der Schleimhaut des Dünndarms hergestellt. Laktase spaltet den Milchzucker in seine Bestandteile Schleimzucker (Galaktose) und Traubenzucker (Glukose). Diese Bestandteile gelangen dann über die Dünndarmschleimhaut ins Blut. Über die Blutbahn werden sie zu den einzelnen Körperzellen transportiert. Und hier wird der Zucker schließlich in Energie umgewandelt.

Fehlt jedoch Laktase, kann der Milchzucker nicht gespalten werden. Er gelangt direkt unverdaut in den Dickdarm. Von den Dickdarmbakterien wird er unter anderem zu Gasen verarbeitet, was zu einem der typischen Symptomen einer Laktoseintoleranz führt, den Blähungen.

Wie kann der Arzt eine Laktoseintoleranz feststellen?

Selbstdiagnose

Bei Verdacht auf eine Laktoseintoleranz kann der Betroffene eine Selbstdiagnose stellen, dessen Ergebnis er dann mit seinem Arzt besprechen kann. Der Arzt kann dann weitere Untersuchungen durchführen. Für eine Selbstdiagnose von Laktoseintoleranz stehen zwei Möglichkeiten zur Verfügung:

- der Diättest
- der Expositions- und Provokationstest

Bei dem Diättest handelt es sich um eine mehrtägige, laktosefreie Diät. Mehrere Tage hintereinander sollte auf Nahrungsmittel, die Laktose enthalten, verzichtet werden. Hierzu zählen in erster Linie Milch, Sahne sowie Milchprodukte. Auch sollte auf Nahrungsmittel verzichtet werden, die versteckte Laktose enthalten. Viele Fertigprodukte enthalten Milchzucker oder Milchbestandteile. Sollten in diesem Zeitraum keine Beschwerden auftreten, ist eine Laktoseintoleranz wahrscheinlich.

Im Anschluss an die laktosefreie Zeit kann der Betroffene zu Hause oder unter ärztlicher Aufsicht einen sogenannten Expositions- oder Provokationstest durchführen. Hierzu wird ein Glas Wasser mit gelöstem Milchzucker (50 bis 100 g) getrunken. Der Milchzucker ist in Drogerien, Apotheken und Reformhäusern erhältlich. Möglich ist auch, ein Glas Milch auf leeren Magen zu trinken. Sollte eine Laktoseintoleranz vorliegen, treten innerhalb kurzer Zeit nach Einnahme des Milchzuckers die typischen Beschwerden, wie Bauchkrämpfe, Bauchschmerzen, Blähungen oder Durchfall, auf. Es sollten nun weitere Tests folgen, um die Diagnose absichern zu lassen. Diese Tests sind aufwendiger und von einem Arzt durchzuführen.

Ärztliche Diagnosemöglichkeiten

Die Symptome einer Laktoseintoleranz, wie Bauchschmerzen, Übelkeit und Durchfall, sind recht unspezifisch und entsprechen diversen Krankheitsbildern. Um eine klare Diagnose stellen zu können, stehen dem Arzt nach einer ausführlichen Anamnese verschiedene Tests zur Verfügung. Hierzu gehören:

- der Laktosetoleranztest
- der H2-Atemtest (Wasserstoffatemtest)
- der Genetische Test (DNA)

Der Laktosetoleranztest oder auch Laktosebelastungstest ähnelt dem Expositionstest. Jedoch geht er grundsätzlich mit einem Blut- oder dem Wasserstoffatemtest einher.

Der H2-Atemtest gilt als die zuverlässigste Methode, um eine Laktoseintoleranz zu diagnostizieren. Unter ärztlicher Aufsicht trinkt der Patient, der sich mit dem Verdacht einer Laktoseintoleranz von seinem Arzt untersuchen lässt, ein Glas Wasser, in dem 25 bis 50 g Laktose aufgelöst sind. Sollte eine Milchzuckerunverträglichkeit vorliegen, kann die Laktose nicht verarbeitet werden und gelangt unverdaut in den Dickdarm. Dort bauen Bakterien die Laktose ab und setzen bei diesem Prozess Wasserstoff (H2) frei. Der Wasserstoff gelangt über die Darmwand in den Blutkreislauf und schließlich in der Lunge. Über den Atem wird der Wasserstoff in die Luft abgegeben und kann gemessen werden. Hierfür pustet der Patient in regelmäßigen Abständen in ein Gerät, das die

Konzentration des Wasserstoffs in der Atemluft messen kann.

Wenn der Wert des gemessenen Wasserstoffanteils im Atem über 20 ppm (parts per million, Menge der Wirkstoff- oder Schadstoffanteile pro eine Million Teile) steigt, gilt das als sicheres Zeichen für eine Laktoseintoleranz.

Nach der Einnahme eines Glases Wasser mit 25 bis 50 g aufgelöster Laktose kann ein Bluttest ebenfalls Aufschluss über das Vorliegen einer Laktoseintoleranz geben. Hierfür wird dem Patienten nach 30, 60 und 120 Minuten Blutproben entnommen. Sollte das Enzym Laktase ausreichend im Dünndarm vorhanden sein, spaltet es die Laktose in seine Bestandteile Schleimzucker (Galaktose) und Traubenzucker (Glukose). Diese Bestandteile gelangen ins Blut und lassen den Blutzuckerspiegel ansteigen. Sollte ein Laktasemangel vorliegen, wird die Laktose nicht gespalten und ihre Bestandteile gelangen nicht ins Blut, sondern unverdaut im Dickdarm. Der Blutzuckerspiegel steigt nicht an. Sollte nach 120 Minuten kein erhöhter Blutzuckerspiegel messbar sein, wurde die Laktose nicht verdaut und es liegt eine Laktoseintoleranz vor.

Wenn beide Testergebnisse, das des Wasserstoffatemtests und das des Bluttests, für eine Laktoseintoleranz sprechen, gilt die Diagnose als sicher.

Als weitere Testoption steht dem Arzt der Genetische Test zur Verfügung. Hiermit kann der Arzt eine genetisch bedingte Laktoseintoleranz nachweisen. Dem Patienten wird ein Wangenabstrich entnommen, der im Labor auf genetische Veränderungen, die für eine unzureichende Produktion des Enzyms Laktase verantwortlich sind, untersucht wird. Diese Testmöglichkeit ist mittlerweile in Apotheken als Selbsttest erhältlich.

Neben dem Wasserstoffatemtest und dem Bluttest gilt der genetische Test als sehr zuverlässig. Hierfür gibt es inzwischen die Möglichkeit eines Selbsttest. Das heißt, bei Verdacht einer Laktoseintoleranz muss der Betroffene für einen Wangenabstrich nicht zu seinem Arzt, sondern kann die entsprechenden Testutensilien in der Apotheke erhalten. Nach genauer Anleitung kann er sich selbst den Wangenabstrich entnehmen. Das ist weitaus weniger aufwendig.

Wie wird eine Laktoseintoleranz behandelt?

Eine Therapie, die die Ursache einer Laktoseintoleranz bekämpft, gibt es nicht. Die beste Therapieform ist es, vollständig oder größtenteils auf Milch, Milcherzeugnisse, Milchprodukte und andere laktosehaltige Lebensmittel zu verzichten. Statt dessen sollte auf laktosefreie oder -arme Lebensmittel zurückgegriffen werden.

Die sicherste Therapie bei einer Laktoseintoleranz heißt also, sich auf eine laktosefreie oder laktosearme Ernährung einzustellen. Eine Ernährungsumstellung ist die erfolgreichste und einzig mögliche Therapieform, um Symptome und Folgen einer Laktoseintoleranz zu verhindern. Der Betroffene kann auf das wachsende Angebot laktosefreier Lebensmittel im Supermarkt zurückgreifen. Bei diesen Lebensmitteln ist die Laktose bereits in ihre Bestandteile aufgespalten, so dass das körpereigene Enzym Laktase nicht notwendig ist. Die Laktosebestandteile können vom Darm aufgenommen werden und verursachen keine Beschwerden. Mit Hilfe dieser laktosefreien Produkte müssen Menschen mit einer Laktoseintoleranz nicht mehr auf Milchprodukte verzichten.

Eine ursächliche Therapie ist nur dann sinnvoll, wenn die Laktoseintoleranz eine Begleiterscheinung einer anderen Darmerkrankung ist, beispielsweise einer Zöliakie oder von Morbus Crohn. Hier ist wichtig, die ursächliche Erkrankung zu behandeln, so dass dann auch die Beschwerden der Laktoseintoleranz schwinden.

Ab der Diagnose einer Laktoseintoleranz sollte sich der Betroffene genau über den Laktosegehalt seiner Nahrungsmittel informieren. Vor allem der versteckte Milchzucker ist zu beachten – in Produkten wie Gebäck, Kuchen oder Torten. Auch Fertigprodukte, Salatdressings, Gemüsebrühen oder auch einige Wurstwaren können Laktose beinhalten. Achtung: Als Bindemittel wird Laktose auch einigen Medikamenten beigefügt! Daher ist es für Menschen mit einer Laktoseintoleranz besonders wichtig, die Zutatenliste von Nahrungsmitteln sowie den Beipackzettel der Arzneimittel genau und gründlich zu lesen.

Grundsätzlich gilt: Alles, was keine Beschwerden wie Durchfall, Übelkeit oder Blähungen auslöst, ist erlaubt. Letztlich entscheidet also die individuelle Verträglichkeit eines Lebensmittels darüber, ob es in Maßen gegessen werden kann oder völlig aus der Vorratskammer gestrichen werden muss.

Laktoseintoleranz – was darf ich essen?

Je nach Ausprägung des Laktasemangels können bestimmte Mengen an Milchzucker vertragen werden. Man unterscheidet laktosearme und laktosefreie Nahrungsmittel und entsprechend eine laktosefreie und eine laktosearme Diät. Der behandelnde Arzt eines von der Laktoseintoleranz Betroffenen muss individuell testen, wie viel Laktose vertragen wird, ohne dass Beschwerden auftreten.

Bei der Wahl von Nahrungsmitteln ist es wichtig die Bezeichnungen zu kennen und zu wissen, hinter welchen Begriffen sich Laktose versteckt. Folgende Begriffe weisen auf Laktose hin: Milchzucker, Molke, Molkepulver, Milch, Milchpulver, entrahmte Milch, Rahm, Sahne, Sahnepulver, Butter, Laktosemonohydrat, Milchelemente, Milchserum, Molkereistoffe, Milchserumpulver, Quark, Kasein, Kaseinate, Milcheiweiß, Milchfette, Laktalbumin sowie Laktglobulin. Nahrungsmittel, die einen oder mehrere dieser Begriffe aufweisen, sollten mit Vorsicht auf dem Speiseplan landen.

Fermentierte Lebensmittel wie Sauermilch, Kefir oder Joghurt werden trotz eines hohen Laktosegehalts meistens gut vertragen. Dafür sorgen die enthaltenen Milchsäurebakterien, die die Laktose im Darm spalten können. Dies gilt jedoch nicht für probiotischen Joghurt, der bei einer Laktoseintoleranz gemieden werden sollte.

Bei der Verträglichkeit von Käse gibt es eine einfach Regel: Je länger der Käse reift, desto weniger Laktose weist er auf. Einige Hart- und Schnittkäsesorten enthalten daher so gut wie keine Laktose und können daher gut vertragen werden. Die Laktose während des Reifungsprozesses des Käses abgebaut.

Es gibt einige Nahrungsmittel, die trotz enthaltener Laktose gut vertragen werden. Hierzu zählen folgende Lebensmittel:
- Brot und Backwaren wie Kuchen, Backmischungen, Milchbrötchen, Waffeln, Kekse, Kräcker
- Fertiggerichte und Fertigprodukte wie Pizza, Tiefkühlfertiggerichte, Konserven, Schokolade, Sahne- und Karamellbonbons, Nougat, Nuss-Nougat-Creme, Pralinen, Instantsuppen, Instantsoßen, Knödelpulver, Salatsoßen, Mayonnaise
- Fleisch und Wurstwaren wie Würstchen, Brühwurst, Leberwurst, fettreduzierte Wurstwaren, Schinken, Wurstkonserven
- Sonstige Produkte wie Müslimischungen, Margarineprodukte, Streichcremes

Zur besseren Verträglichkeit sollten laktosehaltige Nahrungsmittel grundsätzlich gut über den ganzen Tag verteilt und gemeinsam mit anderen Nahrungsmitteln verzehrt werden. Die wenig vorhandene Laktase hat auf diese Weise länger Kontakt mit dem Milchzucker, da die Passierzeit durch den Verdauungstrakt verlängert ist.

Hier eine Übersicht über erlaubte Lebensmittel bei einer Laktoseintoleranz:

Lebensmittel	Erlaubt
Milch	Sojamilch, laktosefreie Milch und Milchprodukte
Fisch und Fleisch	Alle Sorten in milch- und sahnefreier Zubereitung
Fleischwaren	Roher und gekochter Schinken, Braten, Kasseler, Roastbeef, Rauchfleisch, Geflügel-,

	Kalbfleisch- und Gemüsesülzen
Fette	Alle Pflanzenöle, Margarine ohne Milchanteile
Nährmittel	Alle Getreide- und Mehlsorten, Reis, Mail, Haferflocken und andere Getreideflocken
Brot und Backwaren	Alle Brot- und Gebäcksorten, die ohne Milch, Milchpulver oder Buttermilch zubereitet sind
Kartoffelgerichte	In milchfreier Zubereitung
Gemüse, Hülsenfrüchte	Alle Sorten
Obst, Nüsse	Alle Sorten

Es gibt auf dem Markt mehr und mehr laktosefreie Lebensmittel. Einen guten Ersatz bei einer Laktoseintoleranz können auch Produkte aus Soja sein. Auf Sojaprodukte umzusteigen, kann eine gute Alternative sein, denn Sojaprodukte können Milch und Milchprodukte optimal ersetzen. Einige der Sojaprodukte sind mit dem lebenswichtigen Mineralstoff Kalzium angereichert, so dass einer Mangelversorgung vorgebeugt werden kann.

Laktoseintoleranz – Was darf ich nicht essen?

Um bei einer Laktoseintoleranz beschwerdefrei zu werden und zu bleiben, ist es für Betroffene wichtig, eine laktosearme oder laktosefreie Diät einzuhalten. Wie viel Laktose der einzelne verträgt, muss individuell getestet werden.

Laktosereiche und damit zu vermeidende Lebensmittel sind vor allem Milch und Milchprodukte wie Milch, Pudding, Mixgetränke, Kakaogetränke, Süßspeisen, Cremes, Eiscreme, Kaffeeweißer, Kondensmilch, Sahne, Sauerrahm, Dickmilch, Kefir, Joghurt, Sauermilch, Quark, Hüttenkäse, Schmelzkäse sowie Käsezubereitungen.

Hier eine Übersicht über laktosereiche und daher zu vermeidende Lebensmittel:

Lebensmittel	Ungeeignet
Milch	Milch und alle Milchprodukte (außer bestimmte Käsesorten), auch Ziegen- und Schafmilch
Fisch und Fleisch	Fertige Fleisch- und Fischgerichte sowie Fleischkonserven
Fleischwaren	Aufschnitt, Würstchen, Leberwurst, fettreduzierte Wurstwaren
Fette	Butter, Sahne, herkömmliche Margarine
Nährmittel	Fertige Müslimischungen
Brot und Backwaren	Brotsorten, die mit Milch, Milchpulver, Molkenprotein oder Milchzucker hergestellt werden
Kartoffelgerichte	Kartoffelbrei und Kartoffelfertigprodukte
Gemüse, Hülsenfrüchte	Gemüse aus der Dose oder tiefgekühlt
Obst, Nüsse	Alles erlaubt

Hilft mir die Einnahme von Laktase?

Bei einer Laktoseintoleranz ist der Körper des Betroffenen nicht in der Lage, das Enzym Laktase zu produzieren. Mittlerweile lässt sich jedoch das den Milchzucker aufspaltende Enzym biotechnologisch herstellen. Aus dieser so gewonnenen Laktase werden Präparate in Pulver-, Tabletten- oder Kapselform hergestellt. Die wachsende Zahl an Präparaten ist rezeptfrei erhältlich, wird jedoch nicht von der Krankenkasse übernommen.

Das Präparat wird entweder der laktosehaltigen Mahlzeit beigefügt oder zu der Mahlzeit eingenommen. Dabei ist es wichtig, die Menge des Laktase-Präparats dem Laktosegehalt der Speise anzupassen. Sollte man den genauen Gehalt nicht kennen, etwa bei nicht selbst zubereiteten Speisen wie in einem Restaurant, sollte lieber etwas mehr Laktase aufgenommen werden.

Gerade bei außerhäuslichen Mahlzeiten unterwegs, Restaurantbesuchen, Essenseinladungen bei Freunden, kann ein Laktasepräparat sinnvoll und hilfreich sein. Ein Ersatz für eine laktosearme oder laktosefreie Diät ist es jedoch nicht. Eine hundertprozentige Beschwerdefreiheit können sie nicht erreichen.

Was muss ich noch beachten?

Machen Sie es sich zur Gewohnheit, die Zutatenliste von Lebensmitteln zu studieren! Einige Lebensmittel enthalten versteckte Laktose. Bei Milch und Milchprodukten wie Molke, Quark, Frischkäse, Sahne, Kondensmilch, Schokolade oder Milchspeiseeis ist das Vorkommen von Laktose wenig überraschend. Doch bei einigen Gerichten ist es weniger offensichtlich, dass sie Laktose enthalten. Wie beispielsweise bei Fertiggerichten: Laktose wird als Trägerstoff von Aromen, Geschmacksverstärkern oder Süßstoffen in vielen Nahrungsmitteln enthalten. Hierzu gehören Fertiggerichte, Brot und Brötchen, Tiefkühlkost sowie Wurstwaren, Soßen und Dressings. Allerdings müssen diese Lebensmittel laut der EU-Richtlinie 2003/89/EG entsprechend kenntlich gemacht werden.

Gänzlich frei von Laktose ist alles frisches Obst und Gemüse, Getreide, Fleisch, Fisch, Geflügel, Eier, Zucker, Honig, Konfitüre, Kartoffeln, Reis , Nudeln sowie Mineralwasser, Fruchtsäfte, Kaffee, Tee und Pflanzenöle.

Auf Backen muss auch bei einer Laktoseintoleranz nicht verzichtet werden! Es eignen sich zum Backen: Soja-, Kokos- oder Mandelmilch, Reis- oder Hafermilch, für Muffins Orangensaft sowie Bananenpüree. Für einige Kuchen- und Gebäcksorten aus Biskuit-, Mürbe- und Strudelteig wird keine Milch benötigt.

Folgen der Laktoseintoleranz vorbeugen (Osteoporose, Mangelernährung etc.)

Ein für den menschlichen Organismus besonders wichtiger Mineralstoff ist Kalzium. Er ist unter anderem wichtig für den Aufbau von Knochen, Knorpel sowie für die Zähne. Besonders große Mengen Kalzium sind in grünem Gemüse enthalten wie Grünkohl, Brokkoli, Spinat sowie in Sojabohnen. Allerdings ist der Hauptlieferant von Kalzium für den Menschen die Milch bzw. Milchprodukte.

Für Menschen mit einer Laktoseintoleranz, die eine laktosearme oder laktosefreie Diät einhalten müssen, ist es also besonders wichtig, auf eine ausgewogene Ernährung zu achten. Vor allem der lebensnotwendige Mineralstoff Kalzium ist in großen Mengen in Milch und Milchprodukten enthalten. Wird auf diese Lebensmittel verzichtet, ist es elementar wichtig, auf alternative Quellen zurückzugreifen, um optimale Kalziumzufuhr zu gewährleisten. Zu alternativen Kalziumquellen gehören kalziumreiches Mineralwasser, mit Kalzium angereicherte Obstsäfte und außerdem Kalziumsupplemente. Eine mit Vitamin D und Fluorid kombinierte Kalziumzufuhr ist besonders förderlich und kann gut im Dünndarm verarbeitet werden.

1000 Milligramm Kalzium benötigt ein Erwachsener pro Tag, um optimal versorgt zu sein. Sollte eine geringe Menge Laktose vertragen werden, lässt sich diese Menge problemlos über so gut wie laktosefreie Käsesorten wie Hart-, Schnitt-, Weich- und Sauermilchkäse decken.

Sollte der Kalziumbedarf über Mineralstoff- oder Vitaminpräparate gedeckt werden, sollte vor der Einnahme darauf geachtet werden, dass dem Präparat keine Laktose beigefügt wurde und die Produkte nicht auf Milchbasis hergestellt wurden.

Laktose-Tabelle

Lebensmittel	g / 100 g
Frischmilch, H-Milch	4,8-5,0
Milchmixgetränke (Schoko, Mokka, Vanille, Erdbeere, Banane, Nuss)	4,4-5,4
Dickmilch	3,7-5,3
Fruchtdickmilch	3,2-4,4
Joghurt	3,7-5,6
Joghurtzubereitungen (Schoko, Nuss, Müsli, Mokka, Vanille)	3,5-6,0
Kefir	3,5-6,0
Buttermilch	3,5-4,0
Sahne	2,8-3,6
Crème fraiche	2,0-3,6
Crème double	2,6-4,5
Kaffeesahne mit 10-15 % Fett	3,8-4,0
Kondensmilch mit 4-10 % Fett	9,3-12,5
Butter	0,6-0,7
Butterschmalz	Spuren
Milchpulver	38,0-51,5
Molke, Molkegetränke	2,0-5,2
Desserts (Fertigprodukte wie Crèmes, Pudding, Milchreis, Grießbrei)	3,3-6,3
Eiscreme (Milch-, Frucht-, Joghurteis)	5,1-6,9
Sahneeis	1,9
Magerquark	4,1
Rahm-, Doppelrahmfrischkäse	3,4-4,0
Speisequark mit 10-70 % Fett i. Tr.	2,0-3,8
Schichtkäse mit 10-50 % Fett i. Tr.	2,9-3,8
Hüttenkäse mit 20 % Fett i. Tr.	2,6
Frischkäsezubereitungen mit 10-70 % Fett i. Tr.	2,0-3,8
Schmelzkäse mit 10-70 % Fett i. Tr.	2,8-6,3
Käsefondue (Fertigprodukt)	1,8
Käsepastete mit 60-70 % Fett i. Tr.	1,9
Kochkäse mit 0-45 % Fett i. Tr.	3,2-3,9
Hart-, Schnitt-, Weichkäse: Emmentaler, Bergkäse, Berghofkäse, Reibkäse, Parmesan, Alpkäse, Edamer, Gouda, Tilsiter, Stauferkäse, Steppenkäse, Trappistenkäse, Appenzeller, Backsteiner, Brie, Camembert, Weichkäse, Weinkäse, Weißlacker, Chester, Edelpilzkäse, Schafskäse, Havarti, Jerome, Limburger, Romadur, Mozzarelle, Münsterkäse, Raclette, Räucherkäse, Sandwichkäsepastete, Bad Aiblinger Rahmkäse, Butterkäse, Esrom, Sauermilchkäse (Harzer, Mainzer, Handkäse)	Praktisch laktosefrei

Anhang: Service für den Leser mit Literaturempfehlungen, Links

Internetportale für Laktoseintoleranz
http://www.libase.de/wbb/

http://www.laktose.net

http://www.laktose-info.de

Adressen
Deutsche Gesellschaft für Ernährung e.V.
Godesberger Allee 18
53175 Bonn

http://www.dge.de

Deutsches Kompetenzzentrum Gesundheitsförderung und Diätetik e.V.
Ostheimer Straße 27d
61130 Nidderau

http://www.dkgd.de

VDD – Verband der Diätassistenten
Deutscher Bundesverband e.V.
Susannastraße 13
45136 Essen

http://www.vdd.de

Gastro-Liga e.V.
Deutsche Gesellschaft zur Bekämpfung der Krankheiten von Magen, Darm und Leber sowie von Störungen des Stoffwechsels und der Ernährung
Friedrich-List-Straße 13
35398 Gießen

http://www.gastro-liga.de

Bundesamt für Verbraucherschutz und Lebensmittelsicherheit (BVL)
Bundesallee 50, Gebäude 247
38116 Braunschweig

http://www.bvl.bund.de

Bücherempfehlungen
Müller, Sven-David. Christiane Weißenberger: Ernährungsratgeber Laktoseintoleranz. Genießen erlaubt. 1. Aufl. 2010, Schlütersche, Hannover.
Schleip, Thilo: Laktose-Intoleranz. Wenn Milchzucker krank macht. 7. Aufl. 2010, Trias, Stuttgart.